阳台花园
设计与改造

李云燕　刘为 / 编著

U0253854

江苏凤凰美术出版社

序一

没有别墅，也可以给孩子一个花园

我有一所房子，面朝大海，春暖花开。

——海子

20世纪80年代，我看了一部发生在欧洲庄园里的爱情故事片，于是我也梦想拥有一座花园。但从小我和弟弟、妹妹、外婆挤在广州的一间8m²的小房间里，不要说花园，连阳台都没有一个。

昙花一现的阳台

后来，在广州市执信中学做老师的妈妈分到了学校里的一套新房，房子带有一个阳台。从此，我经常跑到阳台看看校园里的古树和叽叽喳喳的小鸟。一天，妈妈拿了一盆昙花回来，我们晚上就在阳台静静地等着它开花。几年后，我离开了中国到澳大利亚留学，也告别了我的第一个阳台。

每个人都有一个花园的梦

1987年，我来到澳大利亚，最初对父亲承诺会在那里继续学医深造，但为了生计，我从替邻居剪草开始，逐步发展到建造花园的生意，并很快喜欢上了这份工作。澳大利亚大多数家庭都住在别墅（House）里，他们重视花园，每天浇花剪草，周末带着孩子在花园里烧烤，他们称之为"花园客厅""花园厨房"，非常懂得享受大自然。一位当地人向我炫耀他新花园的建造方案后，语重心长地说："真正的澳大利亚人不仅只想拥有一间属于自己的房子，还希望拥有一座花园，每一个人都有一个关于花园的梦"。

儿子出生前，我狠心租了一间有900m²大花园的别墅。从此，花园就成了我和孩子的小天堂，我们追逐、踢足球、捉虫子、种辣椒、捕捉不知道名字的小动物 ……现在回想起来，无论是当时租的"豪华"别墅，还是后来存够了钱匆匆买的别墅，我内心最大的冲动还是想让孩子能够在花园里长大。

没有别墅，也可以给孩子一个花园

1995年，我回国创业，先后从澳大利亚引进和创建了"德高防水"和"丰胜花园木"品牌。我们对市场和顾客进行调查，发现中国很多业主对目前的阳台不满意，他们希望借助阳台再造一个温馨、个性化的小花园。一位妈妈脱口而出："没有别墅，也可以给孩子一个花园。"

让中国每一个家庭都可以享受到花园的生活

"懒猫阳台"品牌诞生了，并很快在珠江三角洲地区走红。阳台虽小，但涉及设计、户外材料和植物，难度不比建造一个室外花园要低。"懒猫阳台"创业时制定了"让中国每一个家庭都可以享受到花园的生活"的企业愿景。既然如此，就应该将我们的案例和经验分享给更多的同行和愿意自己动手打造阳台花园的爱好者，这是出版本书的初衷。

他们

本书的编著者李云燕和刘为是"懒猫阳台"联合创始人中的两位，分别负责品牌推广和设计。

曾立志写青春文学小说的云燕，在挤入大城市拼搏后，却怀念起小时候跑到山林晒太阳发呆的时光。加入"懒猫阳台"后，她有了要为千百万都市奋斗者寻找一片栖息地的使命。她给品牌起了一个好听的名字——"懒猫"。她说："一只懒猫，闭着眼睛舒服地晒太阳，你不知道它在想什么，它也不知道自己在想什么，就这样摇着尾巴，度过了美好的下午。"

刘为，操着浓重的粤语方言，曾在日本高秀株式会社海派工作两年，又在其中国分部——佛山市南方高秀花园制品有限公司从事小花园空间设计 15 年，在丰胜（广州）建材有限公司时参与了上海迪士尼乐园的设计。他通过实木、灯光、绿植、水景和软装（朴、光、绿、水、情五元素）的巧妙搭配，建造出引人注目的阳台场景。第一家"懒猫阳台"门店开业时，深受许多过来参观的女性业主的喜爱。他的设计，考虑业主注重的空间感和对自然生态的崇拜，将工业品和绿植、软装进行美学搭配，我们称之为"阳台化妆术"。

未来，阳台行业一定会有巨大的发展空间，这批先行的年轻人，有着更多的敏锐感知和哲学思考，也比我们那一代更有才华，拥有更大的梦想。我只是一个发起者，历时 30 年的花园梦，就放在他们身上了！

"懒猫阳台"创始人　吴海明
2023 年 5 月

序二

　　我来自欧洲瑞典，从小就非常热爱身边一望无际的森林。在瑞典，人民热爱自然生活，喜好木材，也积累了很多住宅木制产品技术和实践经验。

　　我在瑞典最大的木业公司——SCA Wood 亚太区（香港）总部工作。我们提供给中国市场的木材都是来自森林管理委员会（FSC）认证的森林，每砍伐一棵树，都要种上 3 棵树苗，实现可持续发展和永续经营。在中国，宜家家居最大的实木家具生产商的材料都是由我们供应的。"懒猫阳台"也是我们的优质高端客户，他们不但挑选高等级的材料，还经常和我们一起交流北欧的木材新技术和户外产品制作经验，我见证着他们的成长！

　　一本关于阳台花园的书即将出版，由我熟悉的团队成员撰写，我非常开心，不仅仅因为"懒猫阳台"在分享企业文化和培育阳台市场方面作出的贡献，还因为那里也有我们 SCA 团队和"懒猫"小伙伴们共同摸索和努力的成果。

Haakan Persson
2023 年 5 月

序三

十年前，我还是一名花园营造师，在没有创立"花园集"平台之前，就听说过"丰胜花园木"。这个品牌一直推动和引领着中国花园木市场的发展，还直接参与了国家多项防腐木行业标准的制定。2015年，当我成立"花园集"平台，将全部身心投入到花园行业的学习与交流后，与"丰胜花园木"有了更多的接触和了解。而最早结识"懒猫阳台"是在2016年，它是"丰胜花园木"推出的专注家装阳台整体定制服务的品牌，倡导"阳台是花园，也是乐园"，这与"花园集"平台"让花园改变生活"的理念不谋而合。

花园是一种生活方式，传递着生活的无限美好。在鳞次栉比的摩天高楼中间，有几人能拥有一座自己的花园？好在花园难有，阳台却是常见的，通过空间的巧妙搭配和高效利用，阳台也能变身花园。

本书紧跟行业趋势，聚焦阳台设计，从设计理念、改造案例及阳台植物推荐等方面，为我们全方位展示了这个时代赋予阳台的全新价值，带我们进入到更多带有花园属性的生活空间中。

作为浸润在花园行业多年的花园人，这几年深有感触，随着人们审美意识的提升，未来家庭园艺的市场将非常广阔，而阳台花园势必会成为行业发展的新趋势。虽说本书只介绍了部分阳台设计案例，但依然能向我们传达出设计师们对未来阳台思考的深度、对设计因素的诸多考量，以及小小阳台所呈现的生活状态。

于我个人而言，"轻声细语比大声喧哗更容易被听见"。生活就像一杯清茶，静静品味才能感受其中的美好。将小小阳台打造一番，同样能够尽享明媚的大好时光，毕竟小阳台也承载着花园梦。希望生活在都市里的人们，都能拥有自己的花园，悉心经营，静待花开。

"花园集"平台创始人　郑既枫

2023年5月

前言

过去，大部分人都对阳台空间缺乏关注和审美意识，一方面，中国人的传统习惯是在户外洗晒衣服，总觉得晒过的衣服才算干净，回到寸土寸金的都市生活，阳台自然就成了晾衣服、堆杂物的"最佳场所"；另一方面，从传统建筑设计的角度来说，阳台的格局、水管走向、材质是整个住宅设计阶段最后才考虑的一个局部空间，地产商和消费者通常更加关注室内空间的利用和户型布局，换句话说，也就是阳台空间的重要性让步于室内空间。

然而，随着城市化进程的快速推进，人们在享受都市繁华和生活便利的同时，开始想要逃离快节奏的高压环境，渴望回归自然惬意的田园生活。在都市森林，如何释放自我，拥有属于自己的一片花园和心灵栖息地，成为现代人居环境追求人与自然和谐统一的重要命题，"第四代住房"概念应运而生。

在"第四代住房"概念中，很重要的一点就是住房与园林绿化融为一体。每家每户都拥有前庭后院，处处充满绿色自然的气息，这是大部分居住者向往的目标，但要全面推广并实施却面临极大的挑战。所以，我们在不断思考，是否有在"第三代住房"的基础上进行改良的可行方案？

当然有！先从阳台这个局部空间实施和推广花园概念，将绿色和自然引入居家环境，把阳台打造成实用与美观结合的花园式生活空间，这或许有可能成为从电梯房到"第四代住房"的重要过渡趋势。

在这种趋势下，各行各业开始关注阳台改造市场，很多知名建材品牌开始推广阳台翻新、阳台封窗等业务板块。各大门户网站和媒体对阳台空间的关注也让阳台改造成为家装领域新的风向标。

从空间设计角度来说，阳台形状千奇百怪、尺寸不一，很难做标准化产品。本书开创性地提出了"花园式阳台"概念，主张"阳台是家人的花园，孩子的乐园！"阳台空间具有半户外的属性，是花园的一部分，阳台空间的设计可以建立在花园感之上。

本书的第 1 章是阳台设计理念分享；第 2 章详细解析了阳台设计"化妆术"的理论和场景打造方式，里面包含了 12 个经典阳台改造案例分享，除了拆解设计思路和空间布局，还有房主改造阳台背后的故事，让大家从不同的视角理解阳台对家的意义；第 3 章是从 2 万多个改造案例中提取的、适宜在阳台种植的 66 种植物。

过去，阳台的价值一直被人们忽视，当成杂物间和晾衣房来使用。经过设计和改造，阳台变成居住者可以自由定义的"N 空间"。它可以是阳光书房，可以是禅意茶室，可以是亲子乐园，可以是健身空间，也可以是休闲花园……从过去一天最多待 15 分钟的地方，到现在成为难以被遗忘的角落，潜移默化地改变着居住者的生活习惯。

本书用通俗易懂的语言，让不懂设计的"小白"也可以建立对阳台花园空间的理解。阳台花园设计，你也可以轻松驾驭！

李云燕

2023 年春

目录

第1章
阳台设计理念

我们虽然喜欢酒店和度假村的高级格调，也享受"生活在别处的"浪漫诗意，但却不会有居家的归属感，因为那不是自己的家。

请想一想，阳台对你而言，是一个什么样的空间存在？你想改造和重新设计你家的阳台吗？

在你的观念中，如果阳台就是堆放杂物和晾晒衣服的地方，确实无需改造，但对于家中空间有限且希望阳台能够承载更多功能的其他使用者来说，就十分有必要了。

（图片来源于《河南商报》）

在现行的商品房户型设计中，大部分阳台面积小于 8 m^2，一些大、中城市更是如此。阳台在满足洗衣和晾晒的同时，还要能储物收纳、方便孩子娱乐玩耍，为使用者提供瑜伽健身和休闲会友的场所等。

因此，阳台的采光通风、水电走位、软装陈列都得重新规划才行。

1 设计理念"五字诀"——
朴、光、绿、水、情

"朴、光、绿、水、情"是阳台设计理念的"五字诀",也指阳台的五大产品体系。作为阳台设计师,就是通过整体设计和重新布局,帮助使用者解决人与阳台空间的关系问题。只有源于自然的东西,才能产生自然的美感。

朴
湿润的北欧实木,凸显格调之美

光
低压灯营造白日明媚、夜色浪漫的氛围

绿
绿植令都市绽放绿意,恍如花园

水
潺潺流水似琴音,更引得清风徐来

情
家具的户外神韵,令居者情趣盎然

(1)朴

朴,是指大自然中的树木。在远古时代,祖先筑木为巢。木材柔软亲切、质感温润,直到今天,也是最重要的建筑材料之一。阳台上的木产品是指以户外木材为材料加工而成的木制品统称,如木地板、墙板、屏风、天花板、搁板和阳台柜等。

防腐木和木塑都是适用于户外严苛环境的软性装饰材料，能有效抵御日晒雨淋带来的侵蚀和老化。图中阳台案例的地板、墙板和屏风、柜子、搁板以及包梁、包管等，采用的都是以北欧赤松为主材的有机防腐木，加工成各种颜色，丰富视觉体验。

上图花架使用的是防腐木，结实耐用、承
重力好，多作为户外大型景观的主材。地板采
用的是由多层共挤复合木材制作而成的快装地
板。这种拼装产品，因运输及安装便捷，在西
方国家很受欢迎。

（2）光

光，象征着明亮、希望和力量，引领着大自然的阴晴圆缺、白昼黑夜。太阳光与自然万物交融，投下各种光影。

遇见光，建筑才有灵魂。白天，光在不同时间穿越于建筑之中，进入阳台空间，留下斑驳的光影，给人以舒适的视觉感受；晚上，则通过色温较低的人造光营造浪漫温馨的情调和氛围。

阳台上的光类产品主要指各种灯具，用来照明或制造光影、烘托氛围。

阳台上最好使用12V的低压安全灯，作为照明及氛围光，减少触电、漏电的风险。低压安全灯能起到很好的防水作用，在阳台上养花种草也不用担心安全问题。

（3）绿

绿，主要指大自然中的花草树木。在家里摆放一些绿植，既能美化空间，让整个居室充满生机，还能产生一种把森林搬回家的幸福感。

有别于大型园林或公共景观，受楼层高度的限制，阳台上通常会选用"中木植物 + 低木植物 + 草本植物 + 盆栽组合"的模式来营造小景。屏风上会挂些好看又饱满的开花植物，如百万小玲、口红花、波斯蕨等。搁板和桌面通常选择造型别致的常绿植物，

如翡翠木、紫檀盆景等，还可辅助放置一些小工艺摆件，增加阳台的生活情趣。

（4）水

水，主要是指大自然中的山川湖泊、雨露溪流。叮叮咚咚的流水声，或缓或急的雨声，都是大自然里美妙的音符。

阳台中的水景通常指假山鱼池和流水喷泉。水是生命之源，在阳台上摆放一些小型水景，通过水元素的融入，整个阳台空间形似微缩的自然景观。人生活在其中，惬意自然。

（5）情

　　情，指人与人交流产生的情感联结和互动。在古代的户外活动中，人们席地而坐，或于亭、台、廊、榭中恣意交流，纵情山水，何等快哉！到了现代，各种精巧的桌椅、沙发等物件便成为人与人之间情感交流的载体。

阳台属于半户外的开放式空间，相比室内家具，小巧而精致的户外家具更加实用，也更具耐候性。

　　将"朴、光、绿、水、情"五大元素融入阳台空间的设计之中，冰冷、生硬的瓷砖阳台就如同脱胎换骨一般，被改造成花园味十足的禅意茶室、亲子乐园或休闲区域。当然，营造花园生活格调的前提是要满足阳台空间功能性的基本需求，相对于让阳台变成室内空间的一部分，热爱园艺和自然生活的居住者更希望阳台保持独立属性，变成居家式户外生活的主要场所。

　　毕竟，从住宅发展的趋势来看，未来，阳台空间会体现出更多的户外属性。如果将阳台归属于室内空间，那么将失去独立存在的意义，也与人们渴望回归自然的需求背道而驰。

2 设计是为了**解决问题**

问题从哪里来？从环境和人的关系中来，人对阳台空间有什么需求，空间本身存在什么问题，这是设计师首先需要思考的内容。从沟通空间规划，到不断了解用户的家庭结构、成员喜好，设计师需要既懂设计方法，又懂得产品功能价值。进而，在无数次设计实践中，找到自己的风格。

其次，善于运用简单的产品去解决问题。女孩子爱美，简单化妆就可以提升"颜值"和表达气质。室内装修可以推倒重来，大型景观建筑可以在空地上重建，但对于已经存在的阳台来说，必须尊重现有生活环境的先决条件，像化妆术一样，用简单的"化妆产品"放大阳台花园的优点和美感，弱化或改造不美观的地方。

再次，设计师要赋予这个空间不同的精神属性或者个性，让阳台既不属于房子，也不属于设计师，而属于使用者本身，凸显使用者的品位与气质，与使用者融为一体。

最后，阳台设计要注重审美。因为，有一定的资金去装修与美化阳台的房主，都在个人审美与享受生活上有一定的需求和品位。他们注重视觉和精神方面的感受，也关注住宅美感的表达。

第 2 章
让阳台变好看的神奇"化妆术"

阳台的风格和功能由使用者决定。对于设计师来说，只是帮助使用者创造他们想要的阳台场景，让他们自己去实现想要的阳台生活方式。创造阳台生活方式的，不是设计师，而是阳台使用者自身。

如果把家比喻成一个少女，那么给室内做精装修和软装陈列就叫穿衣打扮。阳台作为都市高楼中最常见的半户外空间，就如同少女的脸颊，日常和户外亲密接触。

早上出门时的妆容到了下午就变淡了，需要补妆；出席不同的场合，也需要更换相应的妆容来搭配。时间长了，外墙装饰材料会显得老旧，房子住久了，也想改变一下室内装修的风格和配饰。给阳台化妆，就是让阳台这张"脸"精致美丽，悦己悦人。

化妆品种类繁多，功能各异，阳台的化妆品也不例外，按照功能，大致可以分为五类：

3 光影——氛围灯

1 防晒——封窗

4 腮红——花草绿植

2 遮瑕——木制品（地板、墙板、屏风、柜子和搁板）

5 造型搭配——家居配饰

1 是遮阳防晒，还是沐浴阳光？

阳台可以封窗，遮阳防晒的同时，也可以沐浴阳光，拥抱自然。从南北地域来看，北方气候寒冷、风大，阳台普遍做封窗处理；南方气候温暖，景色优美，房主大都喜欢开放式阳台，能够最大限度地和户外亲密接触。

　　阳台是否封窗，取决于房主的喜好。选择封窗的房主一般都会拆除客厅推拉门，这样既能延伸客厅空间，还能避免因风吹和日晒雨淋带来的清洁烦恼。

2 遮瑕，变美

住了几年甚至十年以上的房子，通常外墙已经老旧发黑，经过多年的使用，瓷砖或地板又脏又旧，让人有想要拆了重装的冲动。新楼盘虽然没有类似问题，但外墙瓷砖通常以黑灰和蓝、黄等色调为主，如室内装修比较精致、温馨，会显得不太协调。

想要解决以上问题，可以选择户外木地板和墙板在原有瓷砖上进行轻装饰，通过龙骨进行固定，1 ~ 2 天就能完工。

相比于传统瓷砖和石材，
木材有两大优点：

材料上比较环保，容易拆装，质感温馨，结实耐用，用在小空间也不会显得压抑。

避免了打拆、重做防水等问题，大大缩短了装修时间。

　　阳台上水管特别多，还可能会有一些空调机箱、热水器等，挤占了一些空间。现代都市寸土寸金，阳台上不可避免地会放置一些杂物或洗衣机等物品，更加显得拥挤、凌乱。墙板和屏风就是很好的阳台遮瑕产品，可以把热水器、空调机箱和水管包裹起来，不但能遮住凌乱，还能储物收纳。

阳台柜和搁板能打造极具创意的墙面收纳空间，既能增添生活乐趣，让家变得井井有条，又能提高阳台的整体"颜值"。

3 制造光影，提升阳台休闲氛围

阳台是居室采光和通风最好的地方，也是体验光影效果最丰富之处，作为家里的半户外休闲场所，如何通过光影给阳台增添温馨和美感，是设计师亟须解决的问题。

白天是自然光影的世界，日照强烈的阳台可以通过在外侧做"顶天立地式屏风 + 植物"的组合来阻挡直射光，也可以通过"封窗 + 质地轻薄的纱帘"来调节光线，让人的视觉感受更为舒适。

对于光照时间短或光线不足的阳台，不建议种植过多的植物，以免遮挡光线。屏风通常放在阳台两侧的位置，既起到防护、装饰作用，还能透光。明媚的光线投射在疏密有致的实木格栅屏风上，呈现出几何美感，透过植物和屏风，投射出金灿灿的光影。人们沐浴在淡淡的阳光中，享受身处自然的感觉。

晚上，自然光逐渐褪去，需要人造光来重新点亮空间，那如何在色温和灯光布局上衬托出阳台花园的美，提升休闲氛围呢？

首先，建议阳台灯具的色温控制在 3000 ～ 3500K 之间，用暖黄光来营造温暖、静谧的光影氛围，让人们在忙碌了一天之后放松自己的身心。

其次，用"主灯＋氛围灯"组合的形式来做灯光设计，其中氛围灯包含壁灯、射灯、地灯和甲板灯等。

主灯用于基础照明，氛围灯用来烘托气氛。壁灯和射灯温柔地投射在实木墙板或植物造景上，重新塑造木材的纹理和植物的色彩、质感、形状，呈现出与白昼不一样的美感。注意氛围灯要选择 12V 的低压安全灯，若小孩子不小心触碰，也不用担心有触电的危险。

　　在阳台空间中，不是灯的数量和种类越多越好，通常 6 ~ 10m^2 的空间，1 盏主灯、2 个氛围射灯、1 ~ 2 个壁灯和 1 ~ 2 个地灯就足够了。

　　美感、节能和安全都是选择阳台灯具需要考虑的因素，布置阳台花园灯光有三大原则：

① 明暗交替，营造景深和层次；

② 注意顺光、逆光、侧光和背光的关系处理，凸显景观的质感和形状；

③ 以暖黄光色调为主，提升休闲氛围。

4 利用植物，打造视觉焦点

　　植物能让阳台氛围瞬间鲜活、生动起来，它与生俱来的自然美感，能让身处其中的人得到疗愈。在日式园林中，根据高度通常将植物分为高木植物（3 m 以上）、中木植物（1.5 ~ 3 m）、低木植物（低于 1.5 m）和草本植物。高木植物对应从住宅二楼看出去的视线高度，中木植物对应站立步行时的视线高度，低木植物对应坐姿时的视线高度，草本植物则覆盖地表。在阳台中，通常以中木植物、低木植物和草本植物的高低组合来营造花园小景。

6 m² 以上的阳台，通常会将它进行功能分区，一边是休闲交流区，一边是景观墙，这样人坐下来的时候，就可以看到植物景观。

在景观墙留出一块 1 ~ 1.5 m² 的面积作为植物造景区，搁板和展示柜上则摆放一些小盆栽作为点缀。植物本身就是一种造景元素，在空间中很有表现力，提升阳台"颜值"的同时，也是视觉焦点。

5 通过**软装**和**配饰**营造阳台风格，实现**功能指向**

　　软装和配饰是阳台空间必不可少的组成部分，是人与人交流互动的物质载体，能烘托气氛，强化空间格调和体现主人个性，也是在阳台"化妆"流程中，最容易忽略或不被重视的一个环节。

　　阳台的软装和配饰包括沙发、桌椅、健身设备、窗帘、挂画、小摆件，以及地毯、抱枕等容易调整位置或更换的装饰物。

　　在做好阳台"朴、光、绿、水、情"五大元素相关产品的基本定制之后，居住者就可以用心地"淘"来各种小物件装饰阳台。

　　与室内相比，阳台空间小，户外感强，装扮起来更简洁有趣。例如，女主人心血来潮想要健身，买了跑步机，还有智能音响设备、哑铃、瑜伽垫等小型健身器械放在阳台上，那么这儿就是一个健身阳台。过了一段时间，女主人又希望在阳台上招待朋友，于是，把健身器材统统收走，给宠物换个窝，再摆上了一套时尚现代的桌椅，以及若干茶具和装饰品，这儿就变成了一个用来聚会的休闲阳台。

故事 1

我改变了阳台，
阳台也改变了我

阳台概况

这是一个空间形状不规则的阳台，房主想要将原有的阳台改造成实用与休闲功能并存的空间。根据现场情况来看，由于水电的分布不太合理，使得实用及美观的问题无法得到兼顾。

女主人汪女士是一位园艺爱好者，在阳台上种满了植物，靠墙位置还放置了洗衣机、干衣机和一些杂物。起初，阳台也就是用来晒晒衣服、堆些杂物，但房子入住 10 年，阳台也随之老化。常年的日晒雨淋使外墙漆和瓷砖有些脱落变色，甚至还有发霉的地方。

一次偶然的机会，汪女士路过一个展示阳台生活新方式的橱窗，一下子就被漂亮的阳台场景打动了，突然意识到自家阳台是时候需要改变了。

面积： 12 m²

朝向： 南向

设计师： 肖雅心

植物： 蓝星花、绣球、蜀葵、琴叶榕、多肉植物、
杜鹃、波斯蕨、滴水观音

造价： 5 万

改造需求

❀ 家里有多台洗衣机、干衣机，摆放凌乱，希望能美化一下。

❀ 家住二楼，开放式的阳台想改造得舒适一些。平时可以在阳台上练练字、看看书。

❀ 喜欢栽种植物，希望重新进行布局和搭配。

设计思路

汪女士喜欢简约的波斯灰和芥草绿搭配，地板采用原木色调，和绿植搭配起来，有种回归田园的感觉。

在设计方面，将现场的花槽进行美化，同时进行洗衣机、烘干机以及洗手台进出水管道的处理。考虑阳台私密性的需要，空调外机用木箱包住。因为房主喜爱花草，此空间的设计风格考虑改造成清新的田园风格。

　　由于洗衣机和干衣机的体积、高度不一致，直接摆放在墙角，不但空间利用率不高，还显得不整齐，加上墙壁上还有下水管道和一个空调外机，视觉上有些杂乱，因此设计师在这个区域做了重点处理。

　　首先，将花槽填平，铺上实木地板，做成 10 cm 高的地台，将洗衣机和干衣机的下水管道收在下面，解决排水和视觉美观问题。

　　其次，将墙壁上半部分的空调外机用同色系的实木柜体做成一个木箱包住，剩下的墙角空间摆放了一个带盥洗功能的实木阳台柜，这样，浇花和清洁工作都变得十分方便。

　　最后，在洗手池上方安装了一个屏风装饰，再挂上半月形的盆栽，墙壁"颜值"立马提升好几个档次。

　　植物也从原来的地毯式陈列变成现在的立体陈列，根据每种植物习性的不同，分别摆放在相应的屏风、搁板或护栏等位置上。

　　改造后，整个阳台的利用率高了，空间也变大了。汪女士开心地说："感觉阳台成了客厅的一部分，整个客厅都变大了。"

时间的意义

　　以前，只有在洗衣服和给植物浇水的时候，才会在阳台上待一会儿。现在每天清晨起床的第一件事，就是去阳台逛逛，呼吸新鲜空气，给花草剪枝、浇水，洗衣、烘干。坐在花园里慢慢整理，繁琐的家务似乎变成了一件令人赏心悦目的事情。然后，在阳台上吃完早餐，才开始精神饱满地去上班。

在花园般的环境中，时间好像更有意义了。把时间"浪费"在阳台上，看书、喝茶、练字、发呆，听着清脆的鸟鸣，闻着淡淡的花香，浮躁的心一会儿就安静下来，思绪早已自由自在地飞向远方。

　　漂亮的东西不止人喜欢，猫也喜欢。汪女士养了一只外表英俊高冷，实则可爱粘人的布偶猫，也许是习惯跟随主人，猫猫去阳台玩耍的频率也比以前更多了。

　　汪女士爱练字，猫也喜欢"舞文弄墨"，一会儿不经意地跳上栏杆，在上面熟练地走着"猫步"，一会儿又趴在椅子上悠闲地"打盹儿"，其一本正经、憨态可掬的样子，给人带来温暖的疗愈感受。

　　很多人都憧憬这样的生活：有一座属于自己的房子，从事自己喜欢的工作，养一只宠物，相互陪伴，岁月静好。汪女士把憧憬变成了现实，也把阳台生活过成了诗。房子坐落在美丽的珠江边，小区身处繁华地段，闹中取静，绿树葱茏。从快节奏的都市生活回到温馨淡雅的家，只是一刻钟的距离。

扫一扫，观看视频

故事 2 | 挚爱绿色

阳台概况

　　王女士家的阳台连通着客厅和书房，有 11.2 m²。从客厅出去的阳台上种满了花花草草，大大小小约有 20 来盆，不方便大动干戈。于是，王女士决定先改造书房外面的阳台空间，约 5 m² 左右。整个阳台不需要考虑晾晒，只是单纯地作为休闲的活动区域。

▌ 面积： 11.2 m²

▌ 朝向： 南向

▌ 设计师： 兰慧慧

▌ 植物： 蓝雪花、马蹄莲、绣球、多头月季、天堂鸟

▌ 造价： 4.5 万

改造前

阳台尺寸

改造需求

❋ 阳台需要美化一下。

❋ 家里有两个小孩，希望把阳台变成孩子玩耍的空间。

❋ 在阳台上可以招待朋友、做手工、看书、喝茶等。

设计思路

在颜色方面，墙面使用了芥草绿色的墙板，与双人沙发旁种植的天堂鸟、绣球、马蹄莲等植物相呼应，整个空间散发着一种淡淡的优雅感。

地板使用了高质量的户外防腐木，保留基本纹理的同时还做了抛光处理。当阳光洒向阳台，金灿灿的光线让人感觉暖意浓浓。

对外露的灰黑色空调管线用屏风遮挡。月光白色调的斜格屏风既可以悬挂植物，也遮住了颜色突兀的管道，更显美观。

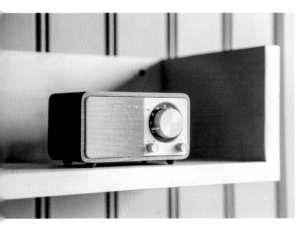

摆放一套精致的户外沙发和茶几，把阳台一角改造成舒适惬意的休闲区，日常招待朋友、陪伴孩子或是自己独处都很合适。

优雅的绿色空间

　　绿色的衣服、绿色的植物、绿色的阳台空间……王女士说，凡是绿色的东西，她都喜欢，因为绿色象征着自然、舒适、宁静和生机。

　　闲暇时，在阳台上看看书、听听音乐、养养植物，和朋友一起喝喝下午茶……家人觉得这里阳光好，想晾晒一下小孩的衣服，但被王女士坚定地拒绝了，因为家里还有一个生活阳台。她说："每个空间都应该有它特定的功能，而这里，是我的异想空间。"

扫一扫，观看视频

故事3 我在阳台上的大树梦!

阳台概况

这是一个 17.4 m^2 的江景大阳台,推开阳台推拉门,映入眼帘的是开阔的一线江景,沿江 5000 m^2 的天然氧吧,自然环境得天独厚。远眺广州大学城,更感受到这座城市的文化气质。

由于房子还有其他两个阳台用于晾晒和收纳,这个客厅阳台便成为休闲的重要区域。

| 面积: 17.4 m^2

| 朝向: 北向

| 设计师: 兰慧慧

| 植物: 南天竹、罗汉松、龟背竹、苔藓、蓝雪花、绣球、三叶草

| 造价: 6 万

改造需求

☀ 阳台要休闲、舒适,像茶室一样。

☀ 拆除旧有的小花坛,重新设计。

阳台尺寸

设计思路

色彩方面，房主选中了原木黄系列的实木地板和墙板。实木本身就是大自然中的有机生命体，相比于其他装饰材料来说，质地更加柔软温润，不仅田园风十足，还和客厅整套的实木家具相呼应。

右边的小花坛是整个阳台的视觉焦点，由于男主人喜欢日式园林，所以花坛以日式造景为主。设计师保留了花坛原貌，用体现日式格调的植物搭配让花坛焕然一新，既避免了拆卸带来的麻烦，又降低了施工成本，缩短了工期。

　　日式小景使用了碎木屑、造型罗汉松、南天竹及盆栽绿植，符合快节奏的生活方式，简单易打理。苔藓和蕨类植物高低错落，给人层次分明的视觉感受。

墙面特别增加了岩石灰色调的屏风作为背景，提升阳台的格调，很符合房主想要的茶室感觉，把它作为日式花坛的背景装饰，再合适不过。

阳台的左侧是通透的矮墙，摆放了一组植物小景，不仅可以作为观赏区，还能作为与邻居阳台的隔断，保证阳台空间的相对私密性。

女主人的大树梦

女主人尹女士说，她很小的时候就有一个梦想，希望长大后能种一棵大树，自己就在大树下生活。为满足她的愿望，在那个 3 m² 左右的小花坛里，设计师为男、女主人分别种下了一棵罗汉松和一棵南天竹。

一张双人懒人沙发、一张茶几、一杯清茶、几本好书……随意待在阳台，就可以舒适地度过整个下午。

在南天竹开花的季节，疯长的枝叶和白色花朵甚是可爱，尹女士惊叹不已，没想到曾经幻想的"大树梦"竟然就这样实现了。

"室内是生存，阳台是生活。"就让遥远的星空、温柔的清风和蛙鸟虫鸣，来抚平一天的疲惫，悠然地享受这一天中最安静美好的时刻。

扫一扫，观看视频

故事 4 5 m² 阳台"爆改"，效果太绝了！

阳台概况

　　房屋所在的小区地段良好，周围风景优美，但已有 10 年房龄，阳台布局也比较传统。

　　"红褐色 + 白色"的马赛克瓷砖墙面、裸露的白色水管以及铁艺栏杆，整个阳台空间给人带来"杂物间"与"晾衣房"的第一印象，让居住者不自觉地把这里当作堆放杂物、晾晒衣物的空间。

▍ **面积：** 5 m²
▍ **朝向：** 东南
▍ **设计师：** 彭宏春
▍ **植物：** 散尾葵、姜荷花、常春藤、龟背竹
▍ **造价：** 2.5 万

改造需求

✿ 想给孩子提供一个采光良好、通风透气的空间，用来学习和玩耍。

✿ 阳台用来堆放杂物感觉很浪费，但空间较小，难以充分利用。

✿ 想要欣赏外面的景色，但视线受阻。

阳台尺寸

女主人侯女士希望将阳台改造成舒适的休闲空间，孩子们能有一个区域上网课，家人也能在阳台上放松享受，看一看窗外的风景，养养植物。

阳台封窗

　　阳台首先要满足使用者对空间功能的需求。房子位于顶层，空气对流强烈，客厅和阳台的日常风力较大，居住起来不够舒适，封窗可以减少风力。为了最大限度地欣赏窗外的风景，拆除了原来已经生锈的栏杆，用大玻璃进行封窗处理。

地板和墙面整体改造

　　地板和墙面用自然的实木装饰，在不破坏原有地砖和墙砖的基础上进行翻新，工程量大幅减少，两天时间基本改造完毕，最大限度地减少了施工带来的困扰。

阳台侧面转移空调机箱后，地面多出了 1.5 m^2 的空间，用来作为造景区域。设计师特别选择了高大挺拔的散尾葵作为主景植物，恰到好处地遮挡了楼栋之间的视线，保证私密性的同时，也让整个阳台空间绿意葱茏。

质地轻薄的白纱窗帘随风摆动，人的内心也随之柔软起来。小朋友光着脚丫在地板上玩耍，原木材质的触感和视觉都令人格外舒适。

给孩子打造学习与活动区域

　　墙面安装了一组搁板，可以放上家人的合照和孩子的奖状，营造良好的家庭氛围。靠墙
的位置摆放了一组儿童学习桌椅，平时孩子可以在这儿学习，空间相对安静、独立，光线充足，
空气也好。

摆放一组户外桌椅，
营造阳台休闲区

一组田园风格的休闲桌椅，让整个空间充满了惬意氛围。平时可以在这里看看书、种种花、泡泡茶，休息放松，阳台成了娱乐、赏景的好去处。

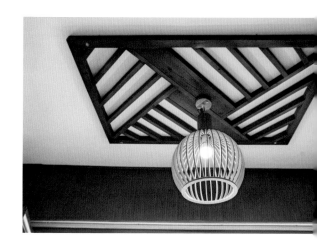

绿意阳台，还原儿时美妙时光

侯女士很满意阳台的设计和改造。她说这样的阳台让她回想起小时候美好的乡下时光：漫山遍野的绿树和野花，草丛里飞驰而过的野兔子，树上的虫鸣和池塘里的蛙声此起彼伏，忙碌的蜜蜂和漫不经心的蝴蝶在眼前飞舞，还有日出而作、日落而息的乡亲。这都是大自然的造化，是一曲优美的田园牧歌。

扫一扫，观看视频

故事 5 丈夫反对妻子改造阳台，结果太感动了

阳台概况

阳台尺寸为 4.1 m × 1.34 m × 2.83 m。女主人喜欢轻奢风格，室内整体配色也以明亮的蓝绿色和白色为主，细节上偏向使用白色石膏线和黄铜等金属材料。

设计之初，夫妻双方对阳台改造的意见不一，丈夫认为既花钱又可有可无，妻子却对温馨浪漫的阳台花园心生向往，背着丈夫偷偷签订了阳台设计协议。

改造前

改造需求

❀ 阳台希望能美观、精致一些。

❀ 高层阳台要封窗，保证安全。

❀ 拆除客厅和阳台之间的推拉门，将阳台变成客厅的延伸。

❀ 阳台要打造成休闲的花园空间。

▎**面积：** 约 5.5 m²

▎**朝向：** 南向

▎**设计师：** 汤嘉铭

▎**植物：** 天堂鸟、绣球、波斯蕨、常春藤、鸟巢蕨

▎**造价：** 2.1 万

设计思路

　　为与室内设计风格相协调，迎合女主人喜好，设计师计划采用相应的芥草绿色和月光白色打造轻奢风格的阳台空间。

　　封窗后打通阳台与客厅的推拉门，让整个客厅空间得到延伸。南北通透，室内采光更加明亮。由于空间不大，在靠东面的角落用屏风和双人沙发打造休闲区，并在阳台西侧一角打造一组花园小景，将花草自然的气息引入室内，生机勃勃。

阳台大变身

　　用户外实木、新鲜绿植、氛围灯光和户外家具打造户外感十足的休闲花园空间。原木地板让阳台充满了温馨与质感，木质屏风为阳台增添设计感与花园氛围，墙板的颜色和室内相互呼应，融为一体。

功能分区明确，小空间，大利用。阳台东面用屏风装饰窗面，放置双人沙发，成为一家人互动的主要区域。西面是女主人的小花园，也是孩子和植物互动、一起成长的园艺小角。

阳台改造后，丈夫很喜欢在这里看书、喝茶、陪孩子玩耍。体验到阳台的价值和美好之后，丈夫对妻子的坚持赞不绝口，态度也发生了 180 度的大转变。

扫一扫，观看视频

故事6 谁才是阳台真正的主人？

▌ **面积：**13 m²

▌ **朝向：**南向

▌ **设计师：**谢炯博

▌ **植物：**棕竹、月季、天堂鸟、琴叶榕、红掌、蓝雪花、白雪公主、口红花

▌ **造价：**3.5万

改造需求

❀ 阳台要精致美观。

❀ 希望改造成可以休闲娱乐的空间。

❀ 铺上木地板，干净整洁。

改造前

阳台概况

阳台连通客厅和客房，整体面积 13 m²。从客厅出来的阳台空间比较狭长，从客房出来的阳台比较宽敞，且靠墙的位置面积较大。现在客房已被改造成三只小猫的起居室。

女主人认为阳台是一家人休闲放松的地方，希望阳台能成为方便父亲会客和亲朋好友来访的空间。

设计思路

客厅和客房都能够进出阳台。从客房出去，有一个约 6 m² 的凹型空间，适合家庭娱乐休闲，还可以和猫猫互动玩耍。而从客厅出去的阳台部分，适合打造成植物观景区，通过借景，让阳台成为客厅的延伸，坐在客厅也能享受靓丽的居家风景。

整个空间选用波斯灰和原木黄色调，打造现代简约的阳台居所，缤纷的绿植成为绝佳的空间点缀。

　　从客房出来的阳台
空间，在整侧墙面做了
储物柜，左边摆放了户
外桌椅，做成休闲区。
有趣的是，客房的移动
门上还有一个供猫咪进
出阳台的小门洞，方便
它们玩耍。

猫咪的阳台游乐场

女主人十分注重生活细节，家中的每一处空间都亲自参与设计，家具和软装也都是自己精心挑选的。她还专门给三只猫咪布置了一间"豪华居室"，除了各种猫爬架、猫房和玩具，还特地安装了一台空调。

现在全家都是阳台的忠实"粉丝"。父亲喜欢在阳台上泡茶、和朋友聊天,阳台也成了他闲暇时光里重要的社交场所。

尽管猫咪们有自己的豪华居所，但不到 1 个月，阳台就成了它们最喜欢的地方。每天天还没亮，三只猫就从猫洞鱼贯而出，分别占据一个最有利的地形，静静地等待日出；白天，在阳台中嬉戏打闹、晒太阳；到了晚上，它们还会跟主人一起看星空闪亮的浪漫夜景。

现在，阳台已经变成了猫咪们最爱的游乐场，俨然成为阳台真正的主人！

扫一扫，观看视频

故事 7 穿越时空的爱恋

- **面积:** 13 m²
- **朝向:** 南向
- **设计师:** 罗裕帆
- **植物:** 百合竹、光辉岁月、绣球、天堂鸟、散尾葵、钻石翡翠、常春藤、蓝雪花太阳花
- **造价:** 3.9 万

改造需求

☀ 希望阳台整洁美观。阳台上堆放着很多杂物，希望能清理出去，腾出更多空间。

☀ 有序收纳。洗衣机一定要放在阳台上，但杂七杂八的清洁用品需要藏起来。

☀ 休闲放松。想要一个可以坐下来发呆、放松的小角落。

阳台概况

房主是一位宠物店的主理人，经营猫咪的售卖、寄养和洗护服务，她的阳台改造故事源于自己的客户 Z 女士。Z 女士家的阳台精致漂亮，房主被深深吸引，于是决定着手改造自家阳台。

该阳台空间较大，连通客厅和书房，整体狭长，从书房出来的部分区域比较宽敞。阳台朝南，光照充足，很适合养花种树。

阳台尺寸

设计思路

　　设计师运用原木地板、波斯灰墙板、月光白屏风和搁板，以三种颜色、四款户外实木产品作为主材，搭配植物、灯光和流水琴，营造简欧格调花园空间。

　　生活阳台和休闲阳台被重新归整划分，外露的管子用木板包住，靠客厅的墙面用波斯灰墙板和原木地板阵列装饰，强调连贯性，使得两个空间融为一体。

功能向右

客厅出来的右侧阳台宽 1.5 m，污水管暴露在外，墙面是承重墙，但只有一半，形状不规则，也没有保证私密性的功能。设计师用洗手柜和洗衣机柜的组合来实现洗衣用品的收纳，并在上方墙面因地制宜地做了三块小搁板，用来摆放小盆栽。透空的部分使用屏风和壁挂植物进行美化，遮挡视线。

休闲向左

从书房出来的左侧阳台空间较为宽敞，长 2.6 m，宽 2.1 m，设计师把这里作为娱乐休闲的主要场地。虽然墙面已有落地窗和栏杆遮挡，但同样是通透的，设计师采取了和右侧阳台不一样的处理方式，用轻盈的白色窗帘营造出柔软舒适的氛围，同时又不影响采光。波斯灰的几何吊顶、原木柚子吊灯与墙板和地面的颜色相互映衬，简洁大方。

轻纱遮挡了后面的玻璃，若隐若现。灯光利用水管的检修口刚好可以照射在植物上。屏风和吊灯选择了偏现代的款式，营造流水潺潺的灯光小花园。

植物也成了这个空间的主角，优雅的百合竹肆意生长，散尾葵和太阳化簇拥着休闲沙发。角落里的流水琴叮咚悦耳、雾气缭绕，渔夫灯高低组合，散发着温暖的光芒……

扫一扫，观看视频

故事 8 阳台，我的悦己空间

- **面积:** 11.7 m²
- **朝向:** 西北
- **设计师:** 苏智鹏
- **植物:** 琴叶榕、蓝雪花、天堂鸟、绣球、波斯蕨
- **造价:** 4.2 万

改造需求

- ✿ 高层阳台要做封窗。
- ✿ 原来裸露的阳台外墙瓷砖色调和室内装修不协调，希望改变一下。
- ✿ 把阳台打造成可以阅读、休闲的疗愈场所。
- ✿ 种植一些花花草草。

阳台概况

美丽又聪慧的女主人具有多重身份，既是怀孕 8 个月的准妈妈，又是"网红博主"，同时也是知名互联网公司的高管。她美丽、独立、悦己，一如她想打造的阳台——"悦己空间"。

夫妻俩都对实木情有独钟，室内家具都是原木制作。因此，阳台也希望用全户外环保实木打造。

改造前

设计思路

　　整个阳台长 9 m，宽 1.3 m，采光极佳。由于进深较短，设计师对阳台进行封窗处理，然后拆除移动门，将客厅和阳台直接打通，用实木包裹门框，让客厅显得通透且视野开阔。

　　室内装修以原木色为主，阳台空间也用相应的秋麦黄色调营造轻松惬意的日式田园氛围。考虑到小朋友即将出生，要有爬行、玩耍的地方，设计师在阳台通铺了黄柚地板，和客厅平齐。实木材质冬暖夏凉，天然而温润，能在一定程度上保护孩子不被摔伤。

墙面装饰选用了秋麦黄色系的平面墙板，搁板、屏风和天花用月光白作为跳色，空间显得既不单调，也不复杂。

在连通客厅的地方放置了一张双人藤编沙发，米白色针织毛毯随意垂落。临窗摆放一盏落地暖光灯，旁边的琴叶榕和绣球兀自绽放，安静而美好。

阳台和卧室共用的墙面由于进深较短，做了横格屏风，悬挂一些绿色植物，增加趣味性和观赏性，并留出足够的行动空间。

阳台另一面是盥洗区。墙面上方有卧室空调水管，用小巧精致的实木做成盒子包起来。下方做一组搁板，摆放可爱的绿植和工艺小品。1.5 m² 左右的空白地面摆放洗手池和洗衣机，空白处用鹅卵石和植物进行填充，美观的同时又不影响使用功能。

扫一扫，观看视频

故事9　阳台到底多舒服，才能让孩子都想"据为己有"？

阳台概况

威威女士家的阳台长 4.2 m，宽 1.9 m，空间比较方正。原有的移动门已被拆除，做了阳台封窗。阳台成了客厅的延伸，户型通透，客厅空间也显得更大了，但是在室内精致的装修格调下，未经改造的阳台显得冰冷而突兀。房主希望通过设计和一些装饰品，让阳台更显美观精致，并与室内装修风格相呼应。他们希望改造成禅茶空间，并且有养护区种植自己喜欢的植物，孩子也可以在这里休闲、玩耍。

- 面积：7.98 m²
- 朝向：北向
- 设计师：朱凯峰
- 植物：天堂鸟、金边吊兰、蓝雪花、绣球、杜鹃
- 造价：2.8 万

改造需求

- ❀ 阳台风格要与室内装饰风格一致。
- ❀ 增加绿植养护空间。
- ❀ 孩子可以在此休闲、玩耍。

改造前

设计思路

　　客厅装修精致，现有的阳台略显粗糙，因此，美化是第一要务。设计师采用原木色为主调来营造舒适惬意的品茶空间，让居住者体会到平静淡然的茶蕴禅意。在另一侧打造了一面植物景观墙，花草元素得以轻松融入，给生活在其中的人带来大自然的气息。

地面处理，设计种植池

　　在阳台原有的地砖基础上铺设龙骨和黄柚地板，与室内地砖齐平，美观又大方，但为植物区预留了 30 ~ 40 cm 的空间。

　　右边区域设造景区，种植不同种类的植物呈现层次感。用鹅卵石填满缝隙，使得整个景观更显精致。

　　左边用岩石灰屏风和简单的植物组成小景，因阳台朝北，故以耐阴植物为主，配以少量开花植物。

墙面处理，撞色设计田园感十足

原木墙板和地板颜色协调，视觉感受舒适。月光白的斜格屏风和原木墙板形成撞色设计，搭配挂盆绿植，田园感十足。搁板上摆放一些小摆件，在射灯的照射下，温柔而美好。

配衬产品
凸显生活细节

　　洗手池是阳台必不可少的家居产品，浇花、清洗茶具和食材都很方便，省去了在阳台和厨房之间来回奔波的烦恼。懒人靠背沙发和小桌板方便孩子日常使用。

让幸福溢满阳台

　　威威女士"抱怨"，本来是为自己打造的禅茶花园，结果却经常被孩子"霸占"：与小伙伴们一起下象棋、做作业、玩游戏……阳台成了孩子们的最佳聚会场所。由于阳台上养了不少植物，孩子在阳台最喜欢做的事情，就是给每一棵植物浇水、修剪枝叶，关注它们的成长。

阳台的改造给这个家庭带来了生活方式的转变，也让孩子变得更加关注自然生命，喜欢社交，并且培养出更多的兴趣和爱好。威威女士也因此感受到满满的幸福。

扫一扫，观看视频

故事 10 自从装修了阳台，我更喜欢植物了

- 面积：7.35 m²
- 朝向：西南
- 设计师：刘华均
- 植物：懒人植物墙、绣球、琴叶榕、小雏菊
- 造价：4.88 万

改造需求

❁ 用户外实木改变阳台冰冷生硬的工业感。

❁ 打造喝茶、看书和收纳的空间。

❁ 要有拖把池和洗手池，方便清洁。

❁ 要有一面植物墙。

阳台概况

本案位于 15 层，白天可以远眺整个江景，夜晚能俯瞰珠江南岸万家灯火。整个阳台长 3.5 m，宽 2.1 m，为西南朝向，光线充足，空气流通，但右侧墙体容易有西晒的困扰。

阳台尺寸

设计思路

　　设计师按照使用者林女士的生活方式重新建立了空间秩序，保留阳台的日常使用功能，打造成宜人的休闲空间。阳台铺设仿古木地板，与客厅形成两个独立区域。生机勃勃的多样性植物让人愉悦，花的香气和窗外的景致交汇融合，缓解主人平日繁重的工作压力。

左侧打造储物和禅茶空间

结合一家人对阳台的使用需求，将植物墙和储物柜设计在阳台左侧，同时放置茶桌，避免下午西晒。

画框中的植物配合波斯灰色调的墙板，在射灯的晕染下闪着晶莹剔透的光泽，带来特别的视觉享受。横格屏风宽度和横梁一致，整个墙面线条美观大方。同色系的储物柜既起到装饰作用，还能收纳各种花器和小饰品。

储物柜上摆放了很多林女士从世界各地淘来的小工艺品，还有女儿用废弃的红酒软木塞做成的小树，以及各种蜡烛灯和氛围灯。每一个小物件都有一段故事，就像一间小小杂货铺一样，让阳台有了独一无二的味道。

右侧打造花卉小景和取水区

阳台右侧打造成花卉小景和取水区，流水不断，墙边景致得以丰富呈现。除了一个石材水景以外，还设置了一个洗手池和拖布池，方便日常使用。

在离地面 1.4 m 的位置，月光白色调的方框搁板和 U 形搁板组合在一起，在波斯灰墙板和射灯的衬托下，清新可人。

从阳台望出去，江面的轮船缓缓驶过，风景宜人，因此，在封窗时没有采用平开窗，而是选择了折叠窗。大部分时间，窗户都可折叠到两边，可以最大限度地拥抱户外空间。

养植物会让人"上瘾"

　　一年时间过去了，林女士家的阳台依然充满生机。她爱鲜花，爱园艺，阳台上种植了近百盆植物，将空间利用发挥到极致。这些植物的名字和养护习性，林女士如数家珍，各种花器也成箱收纳。她说不同植物应该搭配不同的花器，充分展现出对阳台和园艺的热情。

扫一扫，观看视频

故事 11 厉害了！他把阳台打造成"超燃"会客厅！

■ **面积：** 19.8 m²

■ **朝向：** 南向

■ **设计师：** 刘华均

■ **植物：** 琴叶榕、桂花、三角梅、当季小盆景、文竹

■ **造价：** 6.1 万

改造需求

☀ 改变目前堆放杂物的现状。

☀ 阳台可以用来进行商务洽谈，接待朋友。

☀ 要改造成舒适的花园空间。

阳台概况

　　本案阳台外是珠江水岸，视野开阔，景色优越。阳台长 9 m，宽 2.2 m，户型方正，室内装修为现代简约风格。房主曾任职于大型互联网公司，事业上较为成功，是一位社交"达人"。

设计思路

　　生活需要仪式感。设计师重塑了阳台的定义，将展示功能与使用功能结合。考虑到阳台独特的社交属性，因此，围绕"花园会客厅"这个主题去进行整体空间的布局和改造。

　　地面与墙面都选用了天然实木进行铺装，色调高雅，视觉舒适，既体现出个性，又展示出纯粹的质感空间。

在阳台上设置茶水工作台，方便泡茶和清洗餐具。摆放一套舒适、宽松的户外休闲桌椅，方便招待亲戚朋友。可以看到一线江景的会客阳台，各种高低错落的绿植陈列其中，为居住者打造一种更好的生活方式和社交方式，也是一种身份的认同。

花园会客厅

为了与室内现代简约的装修风格相协调，在阳台的设计上，设计师以灰、白亮色为主，营造时尚的花园氛围。

由于靠近客厅的一面是消防逃生门，表面上不能做无法移动的储物柜，因此设计师用一整面屏风遮挡住墙面，并做灵活锁扣，需要使用时能够快速打开。中空的位置用来放置旅行箱和各种游泳装备，解决了美观和收纳之间的矛盾。

左边角落有一张绿色布艺沙发，搭配造型优美的落地灯和植物小景，轻松打造休闲氛围。坐在客厅往阳台上观望，满眼都是绿意盎然。

　　设计师重点将阳台右侧打造成会客区域，使客厅和阳台会客区有一段较长的空间距离，保持彼此的独立性和私密性。用长短不一的搁板来打造墙面的收纳区域，部分留白，装饰小品看起来自由又不拥挤，视觉舒适。下方定制有一张工作台，安装洗手盆，方便清洗水果、杯碟和日常用水。

　　工作台前摆放了一套休闲沙发，在 20 m^2 的花园空间也不显拥挤。

　　地板和客厅推拉门中间的空隙用灰色地毡填平，成功解决了阳台地板和落地窗之间的美观问题。

阳台这边，风景独好

　　未重新设计和改造之前，房主黄先生从未意识到阳台可以这么舒服，也从未想过这儿可以变成家里更受欢迎的会客厅！

　　黄先生说，以前朋友来阳台，说一句"风景好好哦"，然后就回到客厅坐下了。而现在朋友来了，直接就走到阳台坐下，再也不愿回到客厅了。

在这儿，目之所及，有一线江景，有阳光，有音乐，有好茶，还有清新的空气和花香。在此，朋友们可以一起感受万家灯火，共享清风徐来之美。

扫一扫，观看视频

故事 12 家人对猫毛过敏，"90后"却在阳台养了8只猫

- **面积：** 约 16 m²
- **朝向：** 东南向
- **设计师：** 黄鸿宇
- **植物：** 百合竹、绣球、蓝雪花、小雏菊、姜荷花、多肉植物
- **造价：** 4.1万

阳台尺寸

改造需求

- 🌼 在阳台上做间猫房，安置8只小猫。
- 🌼 猫房一定要坚固耐用，最好选用实木材料。
- 🌼 实木的品质要好，防水、防晒是必要条件。
- 🌼 有个喝茶的空间。
- 🌼 把阳台打造成田园风格。

阳台尺寸

阳台概况

房主许女士是众多猫宠大军中的一员，只不过，她一个人照顾着 8 只猫！刚毕业那会，许女士因不太适应高强度的工作环境和复杂的社会关系，身体和心理状态都出现危机。后来，在猫猫的陪伴下，逐渐走出了情绪低谷，她和猫猫的情感羁绊也越来越深。

再后来，许女士遇到了人生中的另一半，但丈夫对猫毛过敏。为此，她和家人进行了认真、严肃的讨论，并最终达成共识：可以和猫猫一起生活，但猫猫不能进客厅，只能在阳台上活动。

还好！家里的阳台较大，面积约 16 m²，但是，既要给猫猫打造一个舒适、宽敞的小窝，又要方便它们活动，怎么设计整个空间，便成为许女士的头号难题。

设计思路

　　本案阳台功能一分为二，客厅正对的部分适合做休闲区，既可以和猫猫互动交流，也可以和家人、朋友品茗闲聊。

　　阳台呈弧形，且略微狭长，可以作为猫猫的专属空间。充分利用栏杆的下方空间给猫猫做柜子，让人在猫柜和墙壁之间可以有更多的空间腾挪转身。

猫房和休闲区只有一门之隔，在一侧墙上安置猫爬架，增加猫猫的活动空间。

猫房区域

左侧阳台是猫房区域，用两扇实木屏风门作为隔断，空间相对独立。

材料作为猫房最重要的考虑因素，耐晒板是首选。除了防晒、防水、方便清洁外，实木柜需要通风透气，这样猫猫住起来才会更加舒适，因此，柜子侧面需要做镂空切割。猫猫是较为娇弱的动物，切割收口精度要高，避免出现锋利的毛刺，而耐晒板是满足以上需求的最佳材料。

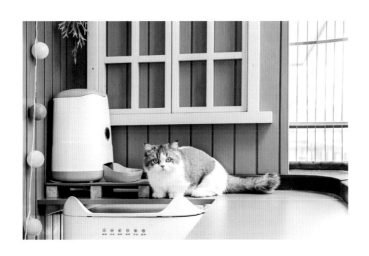

猫房里设计了两个一模一样的柜子，每个柜子可以容纳 4 只猫。两个柜子连通的部分有挡板，靠里侧角落的位置还预留给了猫猫一个出入通道。设计师设计了可以灵活控制猫猫进出的门洞，可以让它们只出不进，或者只进不出。

屏风门采用了拱形的田园造型，考虑猫毛较多，容易积尘，所以门身做了实心板，方面后期清洁。

休闲区域

　　右侧阳台设计成花园茶室。整个小茶室温馨宜人，光线充足，通风透气，一家人在阳台喝茶，很是惬意。设计师用芥草绿和月光白搭配的斜格屏风作为背景，既可以攀爬植物，也可以保证隐私。

阳台安装完毕，不仅给了猫猫们一个温馨安全的家，也给许女士一家打造了可以喝茶休闲、与猫互动的花园空间。对于许女士来说，再也没有比这还要开心的事情了。

扫一扫，观看视频

131

第 3 章
66 种阳台常配植物

摆放植物时，通常会选择某个角落作为阳台的视觉焦点，可以利用花架、花箱、挂架等营造层次感，也可以利用画框、搁板等打造绿化墙。

常绿或观叶植物

心叶榕

规格：300 mm × 1500 mm

习性：半阴 / 半阳

适温：20 ~ 35℃，5℃以下易冻伤

养护：1 月左右施淡肥一次

浇水：见干见湿

千年木

规格：400 mm × 1700 mm

习性：半阴 / 半阳

适温：18 ~ 28℃，低于 5℃易冻伤

养护：天气干燥时给叶面喷水

浇水：晴天 3 天，阴雨天 5 ~ 7 天

柠檬树

规格：300 mm × 1700 mm

习性：半阴 / 喜阳

适温：18 ~ 28℃，低于 5℃易冻伤

养护：修剪比较密集的枝条

浇水：晴天 3 天，阴雨天 5 ~ 7 天

蒲葵

规格：300 mm × 1300 mm

习性：半阴 / 半阳

适温：20℃左右，不耐寒

养护：每个季节施肥一次

浇水：3 ~ 4 天浇水一次

百合竹

规格：400 mm × 1600 mm

习性：喜阳 / 半阴

适温：越冬温度不低于 12℃

养护：4 ~ 9 月每月施肥一次

浇水：见干见湿，浇要浇透

黄金榕

规格：300 mm × 1800 mm

习性：喜阳 / 半阳

适温：喜温暖，冬天不宜低于 0℃

养护：4 ~ 9 月每月施肥一次

浇水：见干见湿，浇要浇透

散尾葵

规格：300 mm × 1500 mm

习性：半阴 / 半阳

适温：喜温，怕寒

养护：1 ~ 2 周施一次腐熟液肥

浇水：晴天 2 天，阴雨天 4 天

天堂鸟

规格：400 mm × 1500 mm

习性：喜阳 / 半阳

适温：喜温，怕寒

养护：忌暴晒，干燥时给叶面喷水

浇水：晴天 3 天，阴雨天 5 ~ 7 天

绿宝树

规格：300 mm × 1700 mm

习性：喜阳 / 半阳

适温：低于 10℃会休眠

养护：喜欢潮湿，不喜积水

浇水：夏季 3 天，冬季 5 ~ 7 天

琴叶榕

规格：300 mm × 1600 mm

习性：喜阳 / 半阳

适温：喜温暖，耐寒性差

养护：一个季节施肥用药一次

浇水：3 ~ 4 天浇水一次

龙血树

规格：500 mm × 1800 mm

习性：半阴 / 喜阳

适温：喜温暖，不耐寒

养护：有黄叶时要摘掉，少浇水

浇水：见干见湿

发财树

规格：400 mm × 1700 mm

习性：半阴 / 半阳

适温：低于 5℃会冻伤

养护：光照不足易掉叶

浇水：见干见湿

铜钱草

规格：50 mm × 150 mm

习性：半阴 / 半阳

适温：10 ~ 25℃，不耐寒

养护：将要开花的花杆剪掉

浇水：水生草本，一般水养

苹果竹芋

规格：300 mm × 600 mm

习性：半阴 / 半阳

适温：过冬温度 10℃以上

养护：每个月施肥一次

浇水：见干见湿

变叶木

规格：400 mm × 600 mm

习性：喜阳 / 半阳

适温：低于 10℃时会掉叶

养护：喜欢阳光充足的环境

浇水：夏季 2 天，冬季 4 天

大藻

规格：50 mm × 100 mm

习性：喜阳 / 半阴

适温：冬季能耐 5℃的低温

养护：繁殖力强

浇水：浮水植物，一般水养

芦荟

规格：400 mm × 1000 mm

习性：喜阳 / 半阴

适温：低于 10℃时停止生长

养护：使用发酵的有机肥

浇水：宁干勿湿

睡莲

规格：300 mm×600 mm

习性：喜阳 / 半阳

适温：15 ~ 30℃，北方室内过冬

养护：水质要清洁

浇水：水生草本，一般水养

龟背竹

规格：400 mm×800 mm

习性：半阴 / 半阳

适温：热带植物，不耐寒

养护：多往叶面喷水

浇水：3 ~ 4 天浇水一次

绿萝

规格：40 mm×1500 mm

习性：喜阴 / 半阳

适温：北方 10℃以上可安全过冬

养护：15 天左右施一次无机液肥

浇水：浇水不可过勤

金边虎皮兰

规格：400 mm×1000 mm

习性：喜阳 / 半阴

适温：低于 10℃易冻伤

养护：每月薄施肥

浇水：10 天一次

玛丽莎蕨

规格：100 mm×300 mm

习性：半阴 / 喜阴

适温：热带植物，耐寒性差

养护：喜凉怕热，避免阳光直射

浇水：见干见湿

金钱树

规格：500 mm×800 mm

习性：喜阳 / 半阴

适温：低于 5℃时易受寒害

养护：剪去粗大叶片，促发新叶

浇水：不干不浇，浇则浇透

春羽

规格：400 mm×1300 mm

习性：半阴 / 半阳

适温：越冬温度不低于 5℃

养护：每月薄施肥

浇水：夏季 3 天，冬季 5 天

威武蕨

规格：600 mm×400 mm

习性：半阴 / 半阳

适温：冬季不得低于 10℃

养护：喜欢潮湿环境

浇水：夏季 2 天，冬季 4 天

常春藤

规格：300 mm×700 mm

习性：喜阳 / 半阳

适温：低于 -8℃生长停滞

养护：避免暴晒，喜欢高湿环境

浇水：夏季 1 天，冬季 2 ~ 3 天

钻石翡翠

规格：100 mm×300 mm

习性：喜阳/半阳

适温：冬季不得低于 5℃

养护：喜欢阳光充足的环境

浇水：见干见湿

合果芋

规格：100 mm×200 mm

习性：半阴/半阳

适温：冬季不得低于 15℃

养护：喜欢高湿的环境

浇水：夏季 1 天，冬季 2～3 天

鸟巢蕨

规格：200 mm×300 mm

习性：半阴/半阳

适温：耐寒性差，热带植物

养护：适合在室内养植

浇水：3～4 天浇水一次

如意万年青

规格：200 mm×300 mm

习性：半阴/喜阴

适温：越冬温度为 12℃

养护：喜温怕寒，避免阳光直射

浇水：见干见湿

短叶虎尾兰

规格：100 mm×200 mm

习性：半阴/喜阳

适温：低于 10℃易冻伤

养护：耐干旱，喜温暖，也耐阴

浇水：忌水涝，浇水不宜过多

多肉

规格：50 mm×100 mm

习性：喜阳/半阳

适温：北方冬天保持在 8℃以上

养护：懒人植物，繁殖性强

浇水：见干见湿

金边吊兰

规格：100 mm×300 mm

习性：半阴/半阳

适温：冬季不得低于 5℃

养护：适合在室内养植

浇水：2～4 天浇一次水

观花植物

向日葵

规格：300 mm × 800 mm

习性：喜阳 / 半阳

适温：最低耐寒 −10℃

养护：花开完后要及时剪掉

浇水：夏季 1 天，冬季 3 天

粉掌

规格：400 mm × 600 mm

习性：半阴 / 喜阴

适温：26 ~ 32℃

养护：喜欢散射光环境

浇水：夏季 3 天，冬季 7 天

三角梅

规格：400 mm × 1200 mm

习性：喜阳 / 半阳

适温：耐热，适合南方地区

养护：要摆在通风环境

浇水：夏季 1 天，冬季 3 天

一串红

规格：300 mm × 400 mm

习性：喜阳 / 半阳

适温：10℃以下叶片枯黄，花朵脱落

养护：勤松土，并施追肥

浇水：为了防止徒长，要少浇水

百合

规格：50 mm × 500 mm

习性：喜阳 / 半阳

适温：低于 10℃生长缓慢

养护：香气浓郁，不需过多施肥

浇水：宁干勿湿，浇水不宜频繁

蝴蝶兰

规格：100 mm × 300 mm

习性：半阴 / 喜阴

适温：10℃以下停止生长

养护：喜凉怕热，避免阳光直射

浇水：见干见湿

绣球

规格：300 mm × 600 mm

习性：喜阳 / 半阳

适温：低于 5℃易冻伤

养护：要摆在通风环境

浇水：夏季 1 天，冬季 3 天

月季

规格：1000 mm × 1500 mm

习性：喜阳 / 半阳

适温：对气候要求不严

养护：栽培容易，有花香

浇水：不干不浇，浇则浇透

石竹

规格：300 mm×500 mm
习性：喜阳 / 半阳
适温：北方冬季室温 12℃以上
养护：摘除顶芽，促其分枝
浇水：耐干旱，不干不浇

龙船花

规格：800 mm×8000 mm
习性：喜阳 / 半阴
适温：低于 10℃后时生长缓慢
养护：每 30 ~ 40 天施肥一次
浇水：喜湿怕干，每天一次

毛地黄

规格：600 mm×1200 mm
习性：喜阳 / 半阴
适温：-10℃以上就能安全过冬
养护：耐寒，每 20 天施一次全效有机液肥
浇水：见干见湿，不可积水

郁金香

规格：200 mm×500 mm
习性：喜阳 / 半阴
适温：可耐 -20℃低温，耐寒性很强
养护：对肥料要求不高
浇水：平时可向叶面喷水

炮仗花

规格：1000 mm×2000 mm
习性：喜阳 / 半阴
适温：不耐寒，室温保持 10℃以上
养护：生长快，每月施肥一次
浇水：见干见湿

蓝雪花

规格：300 mm×600 mm
习性：喜阳 / 半阳
适温：低于 10℃会休眠
养护：薄肥一周左右一次
浇水：夏季 1 天，冬季 3 天

葡萄风信子

规格：150 mm×300 mm
习性：半阳 / 半阴
适温：较耐寒，北方地区室内越冬
养护：一般不需施肥
浇水：经常浇水，勿使盆土干燥

旱金莲

规格：300 mm×700 mm
习性：喜阳 / 半阴
适温：越冬温度 10℃以上
养护：生长期加强肥水管理
浇水：冬季 2 天，夏季 1 天

鸳鸯茉莉

规格：800 mm×1000 mm
习性：喜阳 / 半阳
适温：20 ~ 30℃，12℃左右进入休眠
养护：施肥要勤施薄施
浇水：见干见湿

朱顶红

规格：300 mm × 500 mm

习性：半阳 / 半阴

适温：喜温暖，不得低于 5℃

养护：每月施磷钾肥一次

浇水：浇水要透彻，忌积水

非洲堇

规格：150 mm × 250 mm

习性：半阳 / 半阴

适温：低于 10℃易受冻害

养护：每半月施肥一次

浇水：干燥时应多浇水

蟹爪兰

规格：300 mm × 500 mm

习性：半阴 / 半阳

适温：冬季搬到室内，不能低于 10℃

养护：不宜使用化肥

浇水：干燥时向叶面喷水

风车茉莉

规格：1000 mm × 2000 mm

习性：半阳 / 半阴

适温：低于 0℃植株会冻伤

养护：比较好养，注意汁液有毒

浇水：夏季 1 天，冬季 2 天

长春花

规格：300 mm × 300 mm

习性：喜阳 / 半阳

适温：20 ~ 33℃

养护：要及时修剪枯枝

浇水：见干见湿

萼距花

规格：300 mm × 700 mm

习性：喜阳 / 半阴

适温：5℃以下会遭寒害

养护：10 天施一次稀薄液肥

浇水：3 ~ 5 天浇水一次

杜鹃

规格：200 mm × 350 mm

习性：喜阳 / 半阳

适温：15 ~ 25℃

养护：要及时修剪枯枝

浇水：见干见湿

水仙

规格：300 mm × 500 mm

习性：喜阳 / 半阳

适温：10 ~ 20℃，北方室内过冬

养护：7 ~ 15 天施肥一次

浇水：水养 40 天左右开花

铁线莲

规格：800 mm × 1600 mm

习性：喜阳 / 半阴

适温：耐寒性强，可耐 -20℃低温

养护：每 15 天追肥一次

浇水：一次性浇透，但不要积水

食用蔬果

番茄

规格：400 mm × 600 mm
习性：喜阳 / 半阴
适温：20 ~ 28℃，喜温性蔬菜
养护：须施磷钾肥
浇水：耐旱，忌涝，5 天浇一次

辣椒

规格：400 mm × 800 mm
习性：喜阳 / 半阳
适温：15 ~ 30℃，注意防寒
养护：每半月施一次复合肥
浇水：每天或隔天浇水

草莓

规格：100 mm × 400 mm
习性：喜阳 / 半阴
适温：15 ~ 25℃
养护：需肥较多，要适时补充
浇水：每天适当浇水

年橘

规格：300 mm × 500 mm
习性：喜阳 / 半阳
适温：15 ~ 30℃
养护：要摆在通风环境
浇水：2 天浇一次水

生菜

规格：200 mm × 300 mm
习性：喜阳 / 半阴
适温：15 ~ 25℃
养护：需氮、磷、钾肥配合使用
浇水：喜湿，1 ~ 2 天浇水一次

油菜

规格：100 mm × 200 mm
习性：喜阳 / 半阳
适温：-3℃以上可安全越冬
养护：成活率高，一年四季都可栽培
浇水：每天适当浇水

薄荷

规格：300 mm × 600 mm
习性：喜阳 / 半阳
适温：20 ~ 30℃
养护：非常皮实易养
浇水：见干见湿

后 记

　　本书的编写，首先要感谢天津凤凰空间文化传媒有限公司编辑的鼎力支持，因为有着对花园和阳台发展趋势的敏锐嗅觉以及文化认同，才会让大家为传播阳台花园文化共同努力。

　　而"懒猫阳台"的出现及现在的文化积累，是我国户外花园行业头部品牌——丰胜花园木在品牌策划、产品研发与供应及管理方面提供了大量资源与人才支持的结果。丰胜（广州）建材有限公司先后派出了卜福新、陈东炜、李云燕、刘为、杨健超、曾馨锐、高少玲、姚冠宇和广州市天河区五山春花园花店的董灼杰、赖春花一起组成了强大的创业团队。感谢奋战在一线的"懒猫阳台"同事们，因为大家的共同努力，在短短五年时间，"懒猫阳台"便成为珠江三角洲地区的优质品牌，也是目前全国专卖店网点最多的专业阳台定制品牌。

　　本书所有案例图片均由冯远清拍摄和提供，他上门摄制了几千个阳台案例，见证并记录了"懒猫阳台"的飞速发展，本书第3章"66种阳台常配植物"也由他编写而成。

　　最后需要感谢的是吴海明先生，作为"丰胜花园木"和"懒猫阳台"的掌舵人，非常认可和支持本书的出版，其营销传播和企业战略思维一直引领着企业的前进方向。

　　这是一本关于阳台花园设计与改造的科普书，也是阳台行业发展的见证记录。12个阳台改造故事不是终点，我们希望在推动阳台花园文化的发展和创新上更进一步。后续，"懒猫阳台"会聚焦阳台空间设计规范和施工规范，推出阳台花园设计"教科书"，吸引更多优秀的设计师加入阳台设计领域，为推动行业发展做出自己的贡献。

李云燕

2023年春

图书在版编目（CIP）数据

阳台花园设计与改造 / 李云燕，刘为编著 . -- 南京：
江苏凤凰美术出版社，2023.6
ISBN 978-7-5741-0967-4

Ⅰ . ①阳… Ⅱ . ①李… ②刘… Ⅲ . ①阳台－建筑设
计 Ⅳ . ① TU226

中国国家版本馆 CIP 数据核字 (2023) 第 087186 号

出 版 统 筹　　王林军
策 划 编 辑　　宋　君　段建姣
责 任 编 辑　　孙剑博
责任设计编辑　　韩　冰
特 邀 编 辑　　段建姣
装 帧 设 计　　姜宇淇
责 任 校 对　　王左佐
责 任 监 印　　唐　虎

书　　　名　　阳台花园设计与改造
编　　　著　　李云燕　刘　为
出 版 发 行　　江苏凤凰美术出版社（南京市湖南路1号　邮编：210009）
总 经 销　　天津凤凰空间文化传媒有限公司
印　　　刷　　雅迪云印（天津）科技有限公司
开　　　本　　710 mm×1 000 mm　1/16
印　　　张　　9
版　　　次　　2023年6月第1版　2023年6月第1次印刷
标 准 书 号　　ISBN 978-7-5741-0967-4
定　　　价　　69.80元

营销部电话　025-68155675　营销部地址　南京市湖南路1号
江苏凤凰美术出版社图书凡印装错误可向承印厂调换